別表

第4類 引火性液体

品名	品名に該当する物品
特殊引火物	ジエチルエーテル
	二硫化炭素
	アセトアルデヒド
	酸化プロピレン
第一石油類	ガソリン
	ベンゼン
	トルエン
	n-ヘキサン
	酢酸エチル
	メチルエチルケトン
	アセトン
	ピリジン
	ジエチルアミン
アルコール類	メタノール
	エタノール
	n-プロピルアルコール
	イソプロピルアルコール
第二石油類	灯油
	軽油
	クロロベンゼン
	キシレン
	n-ブチルアルコール
	酢酸
	プロピオン酸
	アクリル酸
第三石油類	重油
	クレオソート油
	アニリン
	ニトロベンゼン
	エチレングリコール
	グリセリン
第四石油類（※1）	ギヤー油
	シリンダー油
動植物油類（※1）	ヤシ油
	アマニ油

※1 ギヤー油，シリンダー油以外の第四石油類及び動植物油類は，引火点が250℃未満のものに限る

第5類 自己反応性物質（固体又は液体）

品名	品名に該当する物品
有機過酸化物	過酸化ベンゾイル
	メチルエチルケトンパーオキサイド
	過酢酸
硝酸エステル類	硝酸メチル
	硝酸エチル
	ニトログリセリン
	ニトロセルロース
ニトロ化合物	ピクリン酸
	トリニトロトルエン
ニトロソ化合物	ジニトロソペンタメチレンテトラミン
アゾ化合物	アゾビスイソブチロニトリル
ジアゾ化合物	ジアゾジニトロフェノール
ヒドラジンの誘導体	硫酸ヒドラジン
ヒドロキシルアミン	ヒドロキシルアミン
ヒドロキシルアミン塩類	硫酸ヒドロキシルアミン
	塩酸ヒドロキシルアミン
その他のもので政令で定めるもの（※1）	アジ化ナトリウム
	硝酸グアジニン
	1-アリルオキシ-2,3-エポキシプ 前各号に掲げるもののいずれかを含有するもの

※1 金属のアジ化物
 硝酸グアニジン

第6類 酸化性液体

品名	品名に該当する物品
過塩素酸	
過酸化水素	
硝酸	硝酸
	発煙硝酸
その他のもので政令で定めるもの（※1）	フッ化塩素
	三フッ化臭素
	五フッ化臭素
	五フッ化ヨウ素
前各号に掲げるもののい	

※1 ハロゲン間化合物
（2種のハロゲンからなる化合物）

科目免除で受験

速習
乙種 第2類

危険物取扱者試験

資格試験研究会 編

梅田出版

本書のご利用にあたって

　乙種危険物の受験者で既に他の類の免状を受けている方は，**科目免除**の制度により**「危険物の性質並びにその火災予防及び消火の方法」**の科目のみ（**問題数は 10 問**）で受験することができます。そこで本書では，この科目に重点を置き，解りやすく内容を整理しました。

◎　問題は過去に出題されたものを基準にしています。

　　§3において，説明のみで**練習問題**のない物品は，過去に出題のなかったものですが，今後出題される可能性も考えられます。

◎　§2や§3の「危険性及び火災予防」は，**暗記事項の重複**を避けるため，危険性の説明に火災予防の意味を含めている部分があります。例を参考にして下さい。

　　例1　　"加熱すれば爆発する危険性がある。"

　　　　　　⇒ "加熱を避ける" という火災予防の意味を含む。

　　例2　　"酸化剤と共存すれば，発火することがある"

　　　　　　⇒ "酸化剤と接触させない" という火災予防の意味を含む。

◎　裏表紙の見開きにある【まとめ】は各物質について簡潔にまとめました。試験直前の復習等にご利用下さい。

<参考>

　実際の試験問題は，おおむね以下のような配分で出題されています。

　　§1　「危険物に共通する事項」　　　　　　1 問
　　§2　「第〇類危険物―共通する事項―」　　2〜3 問　　　計 10 問
　　§3　「第〇類危険物―それぞれの物質―」　7〜8 問

も　く　じ

受験案内

§1　危険物に共通する事項　　　*1*

1　危険物の類ごとに共通する性質　*2*　　　　練習問題　*4*

§2　第2類危険物 —共通する事項—　　　*11*

1　第2類危険物の品名　*12*

2　性　質　*13*

3　危険性及び火災予防　*13*

4　消火の方法　*14*　　　　練習問題　*16*

§3　第2類危険物 —それぞれの物質—　　　*21*

1　硫化リン　*22*　　　　練習問題　*24*

2　赤リン　*28*　　　　練習問題　*29*

3　硫黄　*31*　　　　練習問題　*32*

4　鉄粉　*35*　　　　練習問題　*36*

5　金属粉　*39*　　　　練習問題　*41*

6　マグネシウム　*44*　　　　練習問題　*45*

7　引火性固体　*47*　　　　練習問題　*50*

総合問題　*52*

§4　模擬試験　　　*59*

模擬試験1　*60*

模擬試験2　*64*

模擬試験3　*68*

別冊解答

受 験 案 内

1. **実　　施**　試験日程は「一般財団法人 消防試験研究センター」
　　　　　　　のホームページを参照。

2. **受験資格**　受験資格の制限は，なし。

3. **受 験 料**　消防庁ホームページをご覧ください。

4. **申　　請**
　┌ 各道府県　消防試験研究センター　各道府県支部
　└ 東京都　　消防試験研究センター　中央試験センター

　　電子申請　消防試験研究センター のホームページ から申請する。

5. **科目免除**　乙種の受験者で，他の類の乙種危険物取扱者免状の交付を
　　　　　　　受けている方は，申請により試験科目のうち，
　　　　　　　「危険物に関する法令」「基礎的な物理学及び基礎的な化学」
　　　　　　　が免除される。

6. **試験方法**　筆記試験（5肢択一，マークシート方式）
　　　　　　　電子式卓上計算機（電卓）は，使用できない。

7. **試験科目**　**「危険物の性質並びにその火災予防及び消火の方法」― 10題**

8. **試験時間**　35分

9. **合格基準**　60%以上の正解

10. **合格発表**　郵送で合否の結果を直接通知
　　　　　　　合格者は消防試験研究センターのホームページに提示

§1

危険物に共通する事項

第4類以外の物品は，同一の物質であっても粒度や濃度により
試験結果が異なり，危険物にならない場合もある。

§1 危険物に共通する事項

危険物の類ごとに共通する性質

第1類　酸化性固体

- 固体
- 不燃性
- 比重は1より大きい。
- 自らは燃焼しないが，他の物質を酸化させる酸素を多量に含有しており，加熱・衝撃・摩擦などにより分解し，他の可燃物を燃えやすくする（強酸化剤）。
- 水と反応するものもある（アルカリ金属の過酸化物）。

第2類　可燃性固体

- 固体
- 可燃性
- 比重は1より大きい。
- 水に溶けない。
- 比較的低温で着火又は引火の危険性がある。燃焼が速いため消火が困難である。
- 水と反応するものもある。

第3類　自然発火性物質および禁水性物質

- 液体又は固体
- 可燃性と不燃性
- 比重は1より小さいものがある。
- 3類の物質のほとんどは自然発火性（空気に接触して自然に発火する）又は禁水性（水に接触して発火又は可燃性ガスを発生する）の両方の性質を有するが，黄リンは自然発火のみを有する。またリチウムは禁水性のみを有している。

2

第 4 類　引火性液体

- 液体
- 可燃性
- 液比重は 1 より小さく，蒸気比重は 1 より大きい。
- 引火性を有する液体。
- アルコール類等，一部の物品以外は水に溶けない。

第 5 類　自己反応性物質

- 液体又は固体
- 可燃性
- 比重は 1 より大きい。
- 燃焼に必要な酸素を含んでおり，加熱による分解などの自己反応により，多量の熱を発生したり，爆発的に反応が進行する。
- 金属と作用し，不安定な金属塩を形成するものがある。

第 6 類　酸化性液体

- 液体
- 不燃性
- 比重は 1 より大きい。
- 無機化合物である。
- 自らは燃焼しないが，混在する他の可燃物の燃焼を促進する性質をもつ（強酸化剤）。
- 水と激しく反応し，発熱するものがある。
- 腐食性があり，皮膚をおかし，又，その蒸気は有毒である。

§1 危険物に共通する事項

練習問題

[1] 危険物の性質について，次のうち誤っているものはどれか。

(1) 同一の物質であっても，形状及び粒度によって危険物になるものとならないものがある。

(2) 不燃性の液体で，酸化力が強く，他の燃焼を助けるものがある。

(3) 水と接触して発熱し，可燃性ガスを生成するものがある。

(4) 危険物は，一般には水に溶けない。

(5) 多くの酸素を含んでおり，他から酸素の供給がなくても燃焼するものがある。

> ヒント 　危険物には水溶性と非水溶性がある。

[2] 危険物の類と該当する品名との組み合わせで，次のうち誤っているものはどれか。

(1) 第1類　塩素酸ナトリウム

(2) 第2類　マグネシウム

(3) 第3類　過酸化ベンゾイル

(4) 第4類　アルコール

(5) 第6類　硝酸

> ヒント 　過酸化ベンゾイルは第5類危険物である。

4

危険物の類ごとに共通する性質

[3]　次のうち,すべての類のどの危険物にも全く該当しないものはどれか。
ただし,いずれも常温(20℃)常圧における状態とする。

(1)　引火性の液体

(2)　可燃性の気体

(3)　可燃性の固体

(4)　不燃性の液体

(5)　不燃性の固体

ヒント　気体は危険物に該当しない。

[4]　危険物の性状について,誤っているものはどれか。

(1)　第1類は酸化性の固体である。

(2)　第2類は可燃性の液体である。

(3)　第4類は引火性の液体である。

(4)　第5類は自己反応性の液体又は固体である。

(5)　第6類は酸化性の液体である。

ヒント

第1類	酸化性固体	固体	第4類	引火性液体	液体
第2類	可燃性固体		第6類	酸化性液体	
第3類	自然発火性物質 又は 禁水性		液体 又は 固体		
第5類	自己反応性物質(固体 又は 液体)				

5

§1 危険物に共通する事項

[5] 次の各類危険物のうち，誤った記述はいくつあるか。

A 第1類は酸化性の液体であり，それ自身は燃えない。

B 第2類は可燃性の固体であり比較的低温で着火する危険性がある。

C 第3類は空気にさらされて自然発火又は，水と接触して発火・可燃性ガスを発生するおそれのある液体又は固体である。

D 第5類は爆発的に反応が進行する自己反応性物質である。

E 第6類はそのもの自体が燃焼しない液体である。

(1) なし (2) 1つ (3) 2つ (4) 3つ (5) 4つ

ヒント 第1類の物質は酸化性の固体である。

[6] 危険物の類ごとの燃焼性として，次のA～Eのうち正しいものはどれか。

A 第1類危険物は，すべて可燃性である。

B 第2類危険物は，すべて可燃性である。

C 第4類危険物は，すべて可燃性である。

D 第5類危険物は，すべて不燃性である。

E 第6類危険物は，すべて可燃性である。

(1) AとB (2) BとC (3) CとD (4) DとE (5) AとE

ヒント ・第1，6類は自らは燃焼しない。

・第5類は加熱により分解し，自己反応により多量の熱を発生し爆発する。

[7] 「一般にそれ自体は不燃性物質であるが,強酸化剤である。」というのは次のうちどの類とどの類の特性を表わしているか。

(1) 第1類と第6類

(2) 第3類と第2類

(3) 第6類と第4類

(4) 第5類と第6類

(5) 第1類と第5類

- 第1類 酸化性固体…不燃性⇨他の可燃物を燃えやすくする。
- 第2類 可燃性固体…可燃性
- 第3類 自然発火性,禁水性物質…可燃性・不燃性
- 第4類 引火性液体…可燃性
- 第5類 自己反応性物質…可燃性
- 第6類 酸化性液体…不燃性⇨他の可燃物を燃えやすくする。

[8] 危険物の類ごとの性状として,次のうち正しいものはどれか。

(1) 第1類の危険物は,一般に可燃性で酸素を発生する。

(2) 第2類の危険物は,一般に着火又は引火しやすい固体である。

(3) 第3類の危険物は,水と接触して発熱又は発火する。

(4) 第4類の危険物は,一般に蒸気比重が1より小さい。

(5) 第6類の危険物は,いずれも強酸であり,腐食性がある。

- 第1類の危険物…不燃性である。
- 第3類の危険物…自然発火性,禁水性物質である。
- 第4類の危険物…蒸気比重は1より大きい。
- 第6類の危険物…強酸性とは限らない。

[9] 危険物の類ごとに共通する危険性として，次のうち正しいものはどれか。

(1) 第1類危険物…着火しやすく，かつ，燃え方が早いため消火することが難しい。

(2) 第2類危険物…低温では着火，又は引火の危険性はない。

(3) 第3類危険物…それ自体は燃焼しないが，混在する可燃物の燃焼を促進する。

(4) 第4類危険物…一般的に空気に触れることにより自然に発火する。

(5) 第5類危険物…加熱による分解などの自己反応により，発火し，又は爆発する。

- 第1類危険物…不燃性である。
- 第2類危険物…比較的低温で着火，引火の危険性がある。
- 第3類危険物…可燃性と不燃性のものがある。自然発火性及び禁水性物質。
- 第4類危険物…アマニ油などの乾性油などはぼろ布などにしみ込んで自然発火することがあるが，一般的ではない。

[10] 危険物の類ごとの性状として，次のうち誤っているものはどれか。

(1) 第1類の危険物は，一般に不燃性の固体である。

(2) 第2類の危険物は，いずれも水に溶けやすい物質である。

(3) 第3類の危険物は，ほとんどのものは，空気，水に接触すると発火する危険性を有する。

(4) 第4類の危険物は，いずれも引火点を有する液体である。

(5) 第6類の危険物は，いずれも不燃性の液体である。

第2類は水には溶けない。

危険物の類ごとに共通する性質

[11]　危険物の類ごとの性質として，次のうち誤っているものはどれか。

(1)　第1類危険物は，分解等により自身がもつ酸素を遊離し，他の可燃物を燃えやすくする。

(2)　第2類危険物は，引火又は着火しやすい可燃性の固体で，自身が燃える。

(3)　第4類危険物は，引火性液体であり，水と反応して可燃性ガスを放出するものもある。

(4)　第5類危険物は，可燃性であると同時に，自身に酸素を含んでおり，熱・衝撃等により分解し，爆発的に燃焼する。

(5)　第6類危険物は，自身の持つ酸素を放出して，他の可燃物を燃えやすくする。

ヒント　第4類危険物は，水と反応して可燃性ガスを放出しない。

[12]　次の各類の危険物の性状のうち，正しいものはいくつあるか。

A　第1類はそれ自体は燃焼しない。

B　第2類はそれ自体は着火しやすい。

C　第3類はそれ自体は燃えない。

D　第5類は爆発の危険性はない。

E　第6類はそれ自体は燃焼しない。

(1)　なし　(2)　1つ　(3)　2つ　(4)　3つ　(5)　4つ

ヒント　・第3類は可燃性と不燃性の物質がある。
　　　　・第5類は自己反応性物質で爆発的に反応する。

9

§1 危険物に共通する事項

[13] 危険物の類ごとの一般的性状として，次のうち誤っているもの
はどれか。

(1) 第1類は一般的に不燃性物質であるが，分子中に酸素を含有
し，周囲の可燃物の燃焼を著しく促す。

(2) 第3類の自然発火性物質（黄リン）は空気に触れると自然発
火するので，水中に小分けして貯蔵する。

(3) 第4類危険物は引火性液体であって，液比重は1より小さい
が，蒸気比重は1より大きい。

(4) 第5類危険物は自己反応性物質の液体で燃焼速度が速い。

(5) 第6類危険物はいずれも不燃性であるが，水と激しく反応し
発熱し，酸化力が強く，有機物と混ざると着火することがある。

ヒント 第5類危険物は自己反応性物質で液体又は固体がある。

[14] 次のうち，正しいものはどれか。

(1) 第3類と第6類危険物は，いずれも比重が1より大きい。

(2) 第2類と第6類危険物は，自然発火性である。

(3) 第2類と第5類危険物は，いずれも固体である。

(4) 第1類と第2類危険物は，水と反応するものが含まれる。

(5) 第1類と第6類危険物は，可燃性である。

ヒント ・第3類の物質の比重は1より大きいものも小さいものもある。
・第2類は可燃性，第6類は酸化性である。
・第2類は固体であるが，第5類は液体と固体がある。
・第1，6類は不燃性である。

10

§2

第 2 類危険物

共通する事項

§2及び§3に取り上げる危険性とは
消防法の規制による科学的危険性を指す。

1. 第2類危険物の品名

第2類危険物は，消防法別表の第2類の項の品名欄に掲げる物品で，**可燃性固体**の性状を有するものである。

消防法別表により，次のように分類されている。

	品　名	品名に該当する物品
1	硫化リン	三硫化四リン
		五硫化二リン
		七硫化四リン
2	赤リン	
3	硫黄	
4	鉄粉	
5	金属粉	アルミニウム粉
		亜鉛粉
6	マグネシウム	
7	その他の政令で定めるもの	
8	前各号に掲げるもののいずれかを含有するもの	
9	引火性固体	固形アルコール
		ゴムのり
		ラッカーパテ

可燃性固体とは，※1 小ガス炎着火試験において一定の性状を示す固体，又は※2 引火点測定試験において引火の危険性を示す固体をいう。つまり，**比較的低温で引火しやすく自身も燃える固体**をいう。

※1　小ガス炎着火試験　火災による着火の危険性を判断するための試験
※2　引火点測定試験　引火の危険性を判断するための試験

性　質

2.　性　質

① いずれも**可燃性固体**で，引火性を有するものもある。

② 比重は**1より大きい**。

③ 一般に**水には溶けない**。

④ **有毒**のものがある。

⑤ 燃焼すると**有毒ガスを発生**するものがある。⇨ 硫黄

⑥ **水と反応して有毒ガスを発生**するものがある。⇨ 硫化リン

3.　危険性及び火災予防

① 比較的**低温で着火しやすい**可燃性物質で，**燃焼が速い**。

② **酸化されやすく**燃えやすい物質である。

③ **酸化剤との接触・混合**は，打撃などにより**爆発する危険性**がある。

④ **微粉状**のものは，空気中で**粉じん爆発**を起こしやすい。

⑤ 油のしみた鉄粉・金属粉・黄リンの混入した赤リン・マグネシウムは，**自然発火**することがある。

⑥ 酸，アルカリいずれにも溶けて**水素を発生**するものがある。

⑦ 固形アルコールなどの**引火性固体**は，**引火の危険性**のある可燃性固体であり，みだりに蒸気を発生させない。

⑧ 鉄粉・金属粉及びマグネシウム並びにこれらのいずれかを含有するものは，**水又は酸との接触を避ける**。

⑨ **炎・火花**又は**高温体との接近，加熱を避ける**。

⑩ **冷暗所に貯蔵**する。

⑪ **防湿**に注意し，容器は**密封**する。

⑫ **引火性固体**にあっては，みだりに蒸気を発生させないこと。

13

粉じん爆発(硫黄粉やマグネシウム粉など)の恐れのある場合は次の対策を講じる。
- 火気を避ける。
- 換気を十分に行い，その濃度を燃焼範囲未満にする。
- 電気設備は防爆構造とする。
- 静電気の蓄積を防止する。
- 粉じんを扱う装置類には**不燃性ガス**を封入する。
- 無用な粉じんのたい積を防止する。

両性元素の性質
- 両性元素とは，酸性・アルカリ性の両方の性質を示すことがある元素のことである。
- 有名な両性元素は，**アルミニウム(Al)，亜鉛(Zn)，スズ(Sn)，鉛(Pb)**がある。
- 両性元素は，酸ともアルカリとも反応して水素を発生し溶ける。

4. 消火の方法

① 水と接触して発火し，又は有毒ガスや可燃性ガスを発生させる物品（**硫化リン・鉄粉・金属粉・マグネシウム**）は，**乾燥砂**などで窒息消火する。

② 上記以外の物品（**赤リン・硫黄**）は，**水・強化液・泡**などの水系の消火剤で冷却消火するか，又は**乾燥砂**などで窒息消火する。

③ 引火性固体（**固形アルコールなど**）は，**泡・粉末・二酸化炭素・ハロゲン化物**により窒息消火する。

金属粉が燃焼しているとき注水すると，水と反応して水素を発生するので危険である。

消火の方法

第2類危険物に対する消火設備の適用 （政令別表より抜粋）

消火設備の区分	対象物	鉄粉・金属粉 もしくは マグネシウム 又は これらのいずれかを 含有するもの	引火性固体	その他の 第2類の 危険物
第1種	屋内消火栓設備又は屋外消火栓設備		○	○
第2種	スプリンクラー設備		○	○
第3種	水蒸気消火設備又は水噴霧消火設備		○	○
	泡消火設備		○	○
	不活性ガス消火設備		○	
	ハロゲン化物消火設備		○	
	粉末消火設備 リン酸塩類等を使用するもの		○	○
	粉末消火設備 炭酸水素塩類等を使用するもの	○	○	
	粉末消火設備 その他のもの	○		
第4種又は第5種	棒状の水を放射する消火器		○	○
	霧状の水を放射する消火器		○	○
	棒状の強化液を放射する消火器		○	○
	霧状の強化液を放射する消火器		○	○
	泡を放射する消火器		○	○
	二酸化炭素を放射する消火器		○	
	ハロゲン化物を放射する消火器		○	
	消火粉末を放射する消火器 リン酸塩類等を使用する		○	○
	消火粉末を放射する消火器 炭酸水素塩類等を使用する	○	○	
	消火粉末を放射する消火器 その他のもの	○		
第5種	水バケツ又は水槽		○	○
	乾燥砂	○	○	○
	膨張ひる石又は膨張真珠岩	○	○	○

備考

1. ○印は対象物に当該各項に掲げる第1種から第5種までの消火設備がそれぞれ適応するものであることを示す。
2. 消火器は第4種の消火設備については大型のものを，第5種の消火設備については小型のものをいう。
3. リン酸塩類等とは，リン酸塩類，硫酸塩類その他防炎性を有する薬剤をいう。
4. 炭酸水素塩類とは，炭酸水素塩類及び炭酸水素塩類と尿素の反応生成物をいう。

§2 第2類危険物 —共通する事項—

練習問題

[1] 第2類の危険物について，次の A～D のうち誤っているものはいくつあるか。

A すべて酸化性である。
B すべて固体である。
C すべて自然発火する。
D すべて有毒である。

(1) 1つ　　(2) 2つ　　(3) 3つ　　(4) 4つ　　(5) なし

> ヒント　**第2類危険物の性質**…・可燃性である。
> ・自然発火するものがある。
> ・有毒のものがある。

[2] 第2類の危険物について，次のうち誤っているものはどれか。

(1) 微粉状のものは空気中で粉じん爆発を起しやすい。
(2) 一般に塊状のものは粉状に比べ，着火しやすい。
(3) 引火性を有するものがある。
(4) 燃焼の際，有毒ガスを発生するものがある。
(5) 一般に燃えやすい物質である。

> ヒント　**第2類危険物の性質**…塊状のものは，着火しにくい。

[3] 第2類の危険物の性状として，次のうち誤っているものはどれか。

(1) すべて可燃性である。
(2) 比較的低温で着火しやすい可燃性物質で，燃焼が速い。
(3) 酸にもアルカリにも溶けて，水素を発生するものがある。
(4) それ自体有毒なものがある。
(5) 強酸化剤である。

> ヒント　**第2類危険物の性質**…酸化されやすい。

16

第 2 類危険物

[4]　第 2 類の危険物の性状として，次のうち誤っているものはどれか。

(1)　可燃性の固体である。

(2)　比較的低温で着火し，燃焼のとき，有毒ガスを発生するものがある。

(3)　自然発火するものがある。

(4)　水と接触して有毒ガスを発生させるものはあるが，可燃性ガスを発生させるものはない。

(5)　比重は 1 より大きく，水には溶けないものが多い。

ヒント　第 2 類危険物の性質…硫化リン・鉄粉・金属粉・マグネシウムは水と接触すると可燃性ガスを発生する。

[5]　第 2 類の危険物について，次のうち誤っているものはどれか。

(1)　一般に粉状のものは塊状に比べ着火しやすい。

(2)　粉じん爆発を起こすものがある。

(3)　可燃物を酸化しやすく，分解しやすい。

(4)　燃焼のとき，有毒ガスを発生するものがある。

(5)　消火時に注水不可の物質がある。

ヒント　第 2 類危険物に共通する性質…酸化されやすい。

17

§2　第2類危険物 —共通する事項—

[6]　　第2類の危険物の組合せのうち，両性元素のみのものはどれか。

(1)　　Al（アルミニウム粉）と Zn（亜鉛粉）

(2)　　Zn（亜鉛粉）と P（赤リン）

(3)　　P（赤リン）と S（硫黄）

(4)　　S（硫黄）と Fe（鉄粉）

(5)　　Al（アルミニウム粉）と Fe（鉄粉）

> ヒント　Al（アルミニウム粉）‥‥‥‥ 両性元素である。
> Zn（亜鉛粉）‥‥‥‥‥‥‥ 両性元素である。
> P（赤リン）　　　　両性元素ではない。
> Fe（鉄粉）‥‥‥‥‥‥‥‥ 両性元素ではない。
> S（硫黄）‥‥‥‥‥‥‥‥ 両性元素ではない。

[7]　　第2類の危険物について，次のうち誤っているものはどれか。

(1)　　酸化されやすく，一般に燃えやすい物質である。

(2)　　酸化剤と混合すると，衝撃等により発火するものがある。

(3)　　引火性を有するものがある。

(4)　　燃焼の際，有毒ガスを発生するものがある。

(5)　　一般に水と接触して水素を発生する。

> ヒント　**第2類の危険物**…赤リン・硫黄・固形アルコール・硫化リンは，水素を発生しない。

18

第 2 類危険物

[8]　第 2 類の危険物に共通する火災予防の方法で, 誤っているものは
　　どれか。

(1)　冷所に貯蔵する。

(2)　金属粉は水との接触で酸素を発生するので接触を避ける。

(3)　引火性固体は, 蒸気を発生させることを, できるだけ避ける。

(4)　湿気を避けて貯蔵し, 容器は密封する。

(5)　粉じん爆発のおそれのある場合は, 換気を十分行い, その濃度
　　を燃焼範囲未満にすること。

> ヒント　**第 2 類危険物に共通する性質**
> ・金属粉・マグネシウム粉は水との接触で水素を発生する。

[9]　第 2 類の危険物において, 接触してガスを発生するものがあるが,
　　次のうち誤っているものはどれか。

(1)　三硫化四リンに熱水を接触させると硫化水素が発生する。

(2)　鉄粉に希硫酸を接触させると硫化水素が発生する。

(3)　アルミニウム粉に硫酸を接触させると水素が発生する。

(4)　亜鉛粉に空気中の水分と酸に接触させると水素が発生する。

(5)　マグネシウムに塩酸を接触させると水素が発生する。

> ヒント　**第 2 類危険物の火災予防**
> ・鉄粉に希硫酸を接触させると水素が発生する。

19

§2 第2類危険物 —共通する事項—

[10] 第2類の危険物に共通する火災予防上の注意事項として，次のうち正しいものはどれか。

(1) 貯蔵容器は，必ず不燃材料で作ったものを用いる。

(2) すべて水中に貯蔵するか，又は水で湿らせた状態にしておく。

(3) 高温の物質に触れても危険はないが，直火に接すると危険である。

(4) 第1類の危険物との接触は，特に避ける。

(5) 常に可燃性ガスを発生するため，密閉しておくと高圧になるので，容器には必ず通気孔を設けておく。

ヒント 第2類危険物の火災予防
・第2類の危険物は，酸化されやすく，酸化剤との接触又は混合は，打撃などにより爆発する危険性があるので，第1類の強酸化剤との接触を避ける。

[11] 第2類の危険物には，粉末の状態で取り扱うと粉じん爆発の危険性を有するものがあるが，粉じん爆発を防止する対策として，次のうち誤っているものはどれか。

(1) 粉じんを取り扱う装置等を接地するなどして，静電気が蓄積しないようにする。

(2) 粉じんが発生する場所の電気設備は防爆構造のものを使用する。

(3) 粉じんを取り扱う装置等には窒素等の不燃性気体を封入する。

(4) 粉じんが床や装置等に堆積しないよう，常に取り扱う場所の空気を循環させておく。

(5) 粉じんが発生する場所では火気を使用しないよう徹底する。

ヒント 第2類危険物の危険予防
・空気を循環させると，粉じんどうしや，壁などとの摩擦等により静電気が帯電し爆発するおそれがある。

20

§3

第2類危険物

それぞれの物質

危険性・火災予防の項目中、＊ は貯蔵方法を指す。

1. 硫化リン

三硫化四リン　P_4S_3　（指定数量　100kg）

性状	比　重　2.03 融　点　172.5℃ 沸　点　407℃ 発火点　100℃ ○　黄色の結晶 ○　二硫化炭素・ベンゼンに溶ける。
危険性	○　火気・衝撃・摩擦により発火の危険性がある。 ○　冷水とは反応しないが，熱湯と作用して，**有毒で可燃性の硫化水素 H_2S を発生する。**
火災予防	○　酸化剤と混在すると，発火することがある。 ○　水分と接触させない。 ＊　通風及び換気のよい冷暗所に貯蔵する。 ＊　容器に収納して密栓する。
消火	○　乾燥砂又は不燃性ガスにより窒息消火する。 ○　水も消火効果はあるが，反応して有毒な可燃性の硫化水素を発生するので使用は避ける。

〔用途〕有機化学の試薬など

 硫化水素（H_2S）
・空気より重い（気体比重は1より大きい）。
・無色の気体
・可燃性ガス
・有毒
・卵の腐ったような臭気

硫化リン

五硫化二リン P_2S_5 （指定数量　100kg）

性状	比　重　2.09　　　　　　融　点　290.2℃
	沸　点　514℃　　　　　　発火点　287℃
	・　淡黄色の結晶
	・　二硫化炭素に溶ける。
危険性	・　吸湿性があり空気中で加水分解し，**有毒で可燃性の硫化水素 H_2S を発生**する。
	・　火気や摩擦・衝撃を避ける。

※　火災予防・消火方法は三硫化四リンに準ずる。

〔用途〕殺虫剤，添加剤など

七硫化四リン P_4S_7 （指定数量　100kg）

性状	比　重　2.19　　　　　　融　点　310℃
	沸　点　523℃
	・　淡黄色の結晶
	・　二硫化炭素にわずかに溶ける。
危険性	・　冷水には徐々に作用して，熱水とは速やかに作用する。また，**有毒で可燃性の硫化水素 H_2S を発生**する。（硫化リン中，最も加水分解されやすい。）
	・　加熱・衝撃・摩擦を避ける。（強い摩擦によって発火の危険性がある。）

※　火災予防・消火方法は三硫化四リンに準ずる。

〔用途〕触媒など

23

§3　第2類危険物 —それぞれの物質—

練習問題

[1]　硫化リンが水と作用して発生するガスの性状として，次のうち誤っているものはどれか。

(1)　赤褐色である。

(2)　可燃性である。

(3)　空気より重い。

(4)　有毒である。

(5)　腐った卵のような臭気を有する。

> **ヒント**　硫化リンが水と作用して発生する**硫化水素ガス**は無色である。

[2]　三硫化四リン，五硫化二リン及び七硫化四リンの性状として，次のうち正しいものはどれか。

(1)　比重は三硫化四リンが最も大きく，七硫化四リンが最も小さい。

(2)　融点は三硫化四リンが最も高く，七硫化四リンが最も低い。

(3)　いずれも硫黄より融点が高い。

(4)　五硫化二リンは水と作用しない。

(5)　摩擦・衝撃に対しては，いずれも安定である。

> **ヒント**　**硫化リンの性状**
> ・**比重**：三硫化四リン (2.03) ＜五硫化二リン (2.09) ＜七硫化四リン (2.19)
> ・**融点**：三硫化四リン (172.5) ＜五硫化二リン (290.2) ＜七硫化四リン (310)
> ・**硫黄の融点**：115
> ・五硫化二リンは水と作用する。
> ・火気や摩擦・衝撃を避ける。

24

硫 化 リ ン

[3]　硫化リンについて次のうち，誤っているものはどれか。

(1)　硫化リンには，三硫化四リン，五硫化二リン，七硫化四リンなどがある。

(2)　水又は熱湯と作用して有毒な可燃性の硫化水素を発生する。

(3)　硫化リンの火災の消火には大量の水による冷却消火がよい。

(4)　三硫化四リンは，約100℃で発火する。

(5)　強酸化性のものと接触させない。

ヒント　乾燥砂，不燃性ガスによる窒息消火が適している。

[4]　三硫化四リンの性状について，次のうち誤っているものはどれか。

(1)　比重は1より大きい。

(2)　水に溶けるが，二硫化炭素には溶けない。

(3)　常温（20℃）の乾燥した空気中では安定ある。

(4)　熱湯と作用して硫化水素を発生する。

(5)　貯蔵する場合，容器は密栓しておくこと。

ヒント　三硫化四リンの性状…水に溶けないが，二硫化炭素・ベンゼンに溶ける。

[5]　五硫化二リンについて，次のうち正しいものはどれか。

(1)　淡黄色の結晶である。

(2)　水にも二硫化炭素にも溶けない。

(3)　常温（20℃）で発火する。

(4)　容器のふたは通気性のあるものを使用する。

(5)　二硫化炭素によって発火することがある。

ヒント　五硫化二リンの性状…・水とは反応し，二硫化炭素には溶ける。
　　　　　　　　　　　　　　　・常温（20℃）では発火しない。
　　　　　　　　　　　　　　　・容器は密栓をする。
　　　　　　　　　　　　　　　・二硫化炭素に溶けるが，発火はしない。

§3　第2類危険物 —それぞれの物質—

[6]　次の A〜D のうち，正しいものの組合せはどれか。

A　三硫化四リンの発火点は，約 100℃ である。

B　三硫化四リンと五硫化二リンの比重は，ともに 1 より小さい。

C　五硫化二リンは，常温（20℃）では黄色の液体である。

D　五硫化二リンは，水と作用して有毒ガスを発生する。

(1)　A，B　(2)　A，D　(3)　B，C　(4)　B，D　(5)　C，D

> ヒント　硫化リンの性状
> ・三硫化四リン　　比重：2.03
> ・五硫化二リン　　比重：2.09　　　　形状：淡黄色の結晶

[7]　七硫化四リンについて，次のうち正しいものはどれか。

(1)　摩擦熱によって発火することがある。

(2)　比重は 1 より小さい。

(3)　常温（20℃）で発火する。

(4)　白色の結晶である。

(5)　水と反応して，五酸化リンを生じる。

> ヒント　七硫化四リンの性状
> ・比重：2.19
> ・常温（20℃）では発火しない。
> ・淡黄色の結晶である。
> ・水と反応して硫化水素を発生する。

硫 化 リ ン

[8] 硫化リンの貯蔵・取扱いについて，つぎの A～E のうち誤ってい
るものはいくつあるか。

A 換気のよい冷所に貯蔵する。

B 加熱・衝撃・火気との接触を避けて取り扱う。

C 容器のふたは通気性のあるものを使用する。

D 酸化性物質との混合を避ける。

E 水に湿潤させて貯蔵する。

(1) 1つ   (2) 2つ   (3) 3つ   (4) 4つ   (5) 5つ

ヒント 硫化リンの貯蔵・取扱い
・容器は密栓する。
・水と接触すると硫化水素を発生するので，水とは隔離する。

27

2. 赤リン P （指定数量　100kg）

性状	比　重　2.1〜2.3 融　点　600℃（43気圧下） 発火点　260℃ ○ 赤褐色の粉末 ○ 臭気・毒性はない。 ○ 水にも二硫化炭素にも溶けない。 ○ 常圧で約400℃で昇華する。 ○ 黄リンと同素体である。
危険性・火災予防	○ 黄リンに比べて安定である。 ○ **酸化剤（特に塩素酸カリウム）と混合したものは，摩擦熱で発火することがある。** ○ 燃焼すると**有毒な十酸化四リンを生じる。** ○ 不良品で，黄リンを含むものは自然発火することがある。 ○ 粉じん爆発することがある。 ○ 火気は近づけない。 ＊ 冷暗所に貯蔵する。 ＊ 容器は密栓する。
消火	○ 注水して冷却消火する。

〔用途〕マッチの側薬の原料，化学肥料など

赤リンは，黄リンから製造されるが，黄リンに比べて安定であり，純粋なものは空気中に放置しても自然発火しない。

赤リン

練習問題

[1] 下記の文は，赤リンについて説明したものであるが，下線部分（ A ）～（ E ）のうち，誤っている箇所はどれか。

「(**A**)赤褐色，無臭の粉末状の固体である。比重は 2.1～2.3 で，常圧では約 400℃で昇華する。(**B**)水・二硫化炭素にはよく溶け，(**C**)臭気はない(**D**)毒性もない。(**E**)黄リンとは同素体である。」

(1) (**A**)   (2) (**B**)   (3) (**C**)   (4) (**D**)   (5) (**E**)

> ヒント 赤リンの性状…水にも二硫化炭素にも溶けない。

[2] 赤リンの性状について，次のうち誤っているものはどれか。

(1) 臭気も毒性もない。

(2) 塩素酸カリウムと混合すると摩擦熱で発火するおそれがある。

(3) 黄リンと同素体である。

(4) 黄リンよりも反応性に富み，不安定である。

(5) 赤褐色の粉末で，粉じん爆発することがある。

> ヒント 赤リンの性状…黄リンに比べ，安定である。

[3] 赤リンの性状についての記述のうち，誤っているものはどれか。

(1) 燃焼すると，リン化水素を生成する。

(2) 赤リンは黄リンより安定している。

(3) 水，二硫化炭素に溶けない。

(4) 粉じんは爆発することがある。

(5) 酸化剤を混ぜたものは摩擦すると発火する。

> ヒント 赤リンの性状…燃焼すると有毒な十酸化四リンを生じる。

29

§3 第2類危険物 —それぞれの物質—

[4] 赤リンに関する記述として，正しいものはどれか。

(1) 赤リンは黄リンより作られるため，不良品には黄リンを含む
ものがあり，自然発火することがある。

(2) 赤褐色の固体で，卵の腐った臭いがする。

(3) 黄リンに比べると，危険性が大きい。

(4) 常圧で加熱すると，約200℃で固体から直接気化する。

(5) 水には溶けないが，二硫化炭素には溶ける。

> ヒント 　**赤リンの性状**…・臭気，毒性はない。
> ・黄リンに比べて安定である。
> ・約400℃で昇華する。
> ・水にも二硫化炭素にも溶けない。

[5] 赤リンの性状として，次のうち誤っているものはどれか。

(1) 比重は1より大きい。

(2) 260℃で発火し，五硫化リンとなる。

(3) 燃焼生成物は，強い毒性を有する。

(4) 水に溶けない。

(5) 赤褐色の粉末である。

> ヒント 　**赤リンの性状**…燃焼すると十酸化四リンを生じる。

30

3. 硫黄 S （指定数量　100kg）

硫化水素を原料として製造され，**斜方硫黄（黄色）**，**単斜硫黄（淡黄色）**，**ゴム状硫黄（褐色）** などの**同素体**がある。

性状	比　重　**1.8** 沸　点　**445℃** 融　点　**110℃～120℃** 発火点　**約360℃** ・ 黄色の固体または粉末（加熱により液状化する）。 ・ 水には溶けないが，二硫化炭素に溶ける。 ・ エタノール，ジエチルエーテル，ベンゼンにわずかに溶ける。 ・ **燃焼時は淡青色の炎を呈し，有毒な二酸化硫黄（亜硫酸ガス SO_2）を発生**する。 ・ 空気中で燃やすと青い炎をあげて燃焼する。
危険性・火災予防	・ 酸化剤と混ぜたものは加熱，衝撃，摩擦等で発火する。 ・ 硫黄粉は空気中に飛散すると，粉じん爆発をすることがある。 ・ 電気の不良導体で，摩擦により静電気が発生する。 ・ 石油精製工程からの硫化水素が原料の回収硫黄は，微量の硫化水素を含むことがあるので，輸送や貯蔵に注意する。 ・ 多くの金属元素や非金属元素と高温で反応する。 ＊ 通風及び換気のよい冷暗所に貯蔵する。 ＊ 塊状の硫黄は麻袋，わら袋に詰めて貯蔵する。 ＊ 粉状の硫黄は二層以上のクラフト紙袋又は麻袋に詰めて貯蔵。 ＊ 加熱し，溶融した状態で貯蔵する場合もある。
消火	・ 融点が低く，燃焼時は流動するため，水と土砂等で消火する。

〔用途〕黒色火薬の原料，硫酸の原料，ゴムの原料，パルプの製造，洗剤など

§3 第2類危険物 ―それぞれの物質―

練習問題

[1] **硫黄について次のうち，誤っているものはどれか。**

(1) 発火すると，二酸化硫黄を発生する。

(2) 酸化剤と混合すると衝撃で発火する。

(3) 硫黄粉は空気中で粉じん爆発をする。

(4) 発火点は約 100℃ である。

(5) 黄色の固体又は粉末である。

> ヒント　**硫黄の性状**…発火点は 360℃ である。

[2] **硫黄の危険性とその火災予防について，次のうち誤っているものはどれか。**

(1) 室内に微粉硫黄が充満すると粉じん爆発を起こす危険がある。

(2) 粉末硫黄は乾燥状態で静電気を帯びるため，発火源とならないように，使用する輸送機器は接地する必要がある。

(3) 酸化剤と混合すると，加熱，衝撃，摩擦などによって発火することがある。

(4) 石油精製工程からの硫化水素を原料とする回収硫黄は，微量の硫化水素を含むことがあるので，特に輸送や貯蔵において注意が必要である。

(5) 塊状の硫黄は麻袋やわら袋などに詰めて貯蔵するが，粉状のものは袋詰めにできない。

> ヒント　**硫黄の貯蔵**…粉末状のものは二層以上のクラフト紙袋又は麻袋に詰めて貯蔵する。

32

硫　黄

[3]　硫黄の性状として，次のうち誤っているものはどれか。

(1)　黄色の固体で，いくつかの同素体がある。

(2)　腐卵臭を有している。

(3)　二硫化炭素に溶ける。

(4)　水には溶けない。

(5)　燃焼すると，有毒ガスを発生する。

> ヒント　**硫黄の性状**
> ・硫黄は臭気を発しないが，噴火口や硫黄泉の周囲など，天然の硫黄が
> 存在する場所で多く発生する硫黄化合物の硫化水素や二酸化硫黄は，腐
> 卵臭や刺激臭がある。

[4]　硫黄の危険性で，次のうち誤っているものはいくつあるか。

A　酸化剤と混ぜたものは加熱により発火する。

B　電気の良導体で，静電気は発生しない。

C　燃焼に際しては硫化水素を発生する。

D　硫黄粉は空気中に飛散すると粉じん爆発をすることがある。

E　融点が低いので加熱するとすぐに流動性を生じる。

(1)　1つ　　(2)　2つ　　(3)　3つ　　(4)　4つ　　(5)　5つ

> ヒント　**硫黄の性状**
> ・電気の不良導体で，摩擦により静電気が発生する。
> ・燃焼時は，二酸化硫黄を発生する。

§3　第2類危険物 —それぞれの物質—

[5]　硫黄を貯蔵する場合の火災予防として，次のうち誤っているものはどれか。

(1)　硫黄は，粉じん爆発を起こす危険性があるため，無用な粉じんのたい積を防止する。

(2)　硫黄は，電気の不良導体であり静電気を発生するので，静電気対策を実施する。

(3)　酸化剤等と混ぜると加熱・衝撃で発火する危険があるので，酸化剤との接触又は混合を防止する。

(4)　塊状のものは紙袋や麻袋に入れて貯蔵する。

(5)　融点が110～120℃程度と比較的低いので，加熱し，溶融した状態で貯蔵する場合もある。

ヒント　硫黄の貯蔵
・塊状は麻袋，わら袋に詰めて貯蔵する。

[6]　硫黄の火災で，最も効果的な消火方法は次のうちどれか。

(1)　二酸化炭素消火剤を放射する。

(2)　水と土砂などで消火する。

(3)　消火粉末を放射する。

(4)　高膨張泡消火剤を放射する。

(5)　ハロゲン化物消火剤を放射する。

ヒント　硫黄の消火
・融点が低いので燃焼の際，流動することがある。

鉄　粉

4.　鉄　粉　Fe （指定数量　500kg）

鉄粉とは，目開きが 53μm の網ふるいを通過するものが 50%以上の鉄粉をいう。50%未満のものは危険物から除外される。

性状	比　重　**7.9** 融　点　**1535℃** 沸　点　**2750℃** ◦　灰白色の金属結晶 ◦　酸に溶けて**水素を発生**する。 ◦　アルカリには溶けない。 ◦　空気中で酸化されやすい。 ◦　湿気によって錆が生じ，発熱する。
危険性・火災予防	◦　油の染みた切削屑は，自然発火することがある。 ◦　微粉状のものは空気との接触面積が大きく，かつ熱伝導率が小さいので発火しやすい。 ◦　酸化剤と混合したものは，加熱・打撃に敏感である。 ◦　加熱，火との接触により，発火の危険性がある。 ＊　貯蔵は湿気により発熱するので，容器に密封する。
消火	◦　乾燥砂などで窒息消火する。 ◦　膨張真珠岩（パーライト）で覆う。

〔用途〕焼結用金属

§3　第2類危険物 —それぞれの物質—

練習問題

[1]　鉄粉の性質についての記述のうち，誤っているものはどれか。

(1)　酸に溶けて水素を発生するが，アルカリには溶けない。

(2)　比重は1より大きい。

(3)　油の染みた鉄粉は，自然発火することがある。

(4)　浮遊する鉄粉は，点火源なしで爆発することがある。

(5)　酸化剤との混合を避ける。

ヒント　　**鉄粉の性状**
　　　　　・浮遊する鉄粉は加熱又は点火すると発火する。

[2]　鉄粉の性状について，A～Eのうち正しいものはいくつあるか。

A　水酸化ナトリウム水溶液に溶けて，水素を発生する。

B　空気中の水分を吸収し，発熱する。

C　酸化剤と混合したものは加熱により発火することがある。

D　粒度が小さいほど空気の流通が悪くなり，燃焼しにくい。

E　目開き53μmの網ふるいを50％以上通過する鉄粉をいう。

(1)　1つ　　(2)　2つ　　(3)　3つ　　(4)　4つ　　(5)　5つ

ヒント　　**第2類危険物の性状**
　　　　　・鉄粉は酸とは反応するが，水酸化ナトリウム（アルカリ）には溶けない。
　　　　　・鉄粉は粒度が小さいほど発火しやすい。

36

鉄　粉

[3]　鉄粉について，次のうち誤っているものはどれか。

(1)　形状は，灰白色の金属結晶である。

(2)　一般的性質として強磁性体である。

(3)　貯蔵や取扱い上，火気や加熱を避ける。

(4)　消火の方法は，水によるものが最も効果的である。

(5)　空気中で酸化されやすく，湿気によって錆が生ずる。

ヒント　鉄粉による火災の消火方法
　　　・乾燥砂などで窒息消火する。

[4]　鉄粉について，次の記述のうち正しいものはいくつあるか。

A　微粉状の鉄粉は空気との接触面積が大きく，かつ熱伝導率が小さいので発火しにくい。

B　酸に溶けて水素を発生する。

C　湿気により発熱するので，注意が必要である。

D　鉄粉は分解燃焼するので，霧状の強化液で消火すると効果がある。

E　油の浸みた切削屑などは自然発火することがある。

(1)　なし　　(2)　1つ　　(3)　2つ　　(4)　3つ　　(5)　4つ

ヒント　鉄粉の性状
　　　・粒度が小さくなるほど空気との接触面積が大きくなり，熱がこもるので燃えやすくなる。
　　　・乾燥砂などで窒息消火する。

37

§3 第2類危険物 ―それぞれの物質―

[5] 鉄粉の貯蔵，取扱いの注意事項として，次のうち誤っているものはどれか。

(1) 酸素との親和力が強く，微粉状の鉄は発火することがあるので，容器等に密封して貯蔵する。
(2) 燃えると多量の熱を発生するので，火気及び加熱を避ける。
(3) 鉄粉は，自然発火する恐れがあるため，紙袋等に小分けしてプラスチック箱に収納してはならない。
(4) 湿気により発熱することがあるので，湿気を避ける。
(5) 塩酸と激しく反応して，水素を発生するので，取扱いに注意する。

 鉄粉の貯蔵・取扱い
・紙袋等に小分けしてプラスチック箱に収納し湿気を避けて貯蔵する。

[6] たい積状態の鉄粉について，次のうち正しいものはどれか。

(1) 鉄粉の粒度が小さくなるほど空気の流通が悪くなるので，燃焼は緩慢になる。
(2) 鉄粉が水分を含むと酸化は促進されるが，熱の伝導がよくなるので乾燥した鉄粉より蓄熱しない。
(3) 酸化マグネシウムと混合した鉄粉のたい積物は加熱又は衝撃によって爆発的な燃焼をする。
(4) 微粉状の鉄粉は空気との接触面積が大きく，かつ熱伝導性が悪いので発火しやすい。
(5) 鉄粉は分解燃焼をするとともに，火災からの放射熱で未燃部分を加熱し燃焼を拡大する

 たい積状態の鉄粉
・粒度が小さくなるほど空気との接触面積が多くなるので燃えやすい。
・水分により発熱する。
・酸化マグネシウムは燃焼しない。
・放射熱により燃焼の拡大はしない。

5. 金属粉

　金属粉とは**アルカリ金属・アルカリ土類金属・鉄・マグネシウム・銅粉・ニッケル粉以外**の金属粉をいうが，粒度等を考慮して除かれるものもある。

アルミニウム粉　Al

性状	比重 2.7　　融点 660℃　　沸点 2450℃ ○ 軽くて柔らかい銀白色の粉末 ○ 酸化鉄との反応は，**テルミット反応**と呼ばれる。(p.40参照)
危険性・火災予防	○ 水とは徐々に反応し，酸（塩酸・硫酸）やアルカリ（水酸化ナトリウム溶液＝苛性ソーダ溶液）とは，速やかに反応して，**水素を発生**する。 ○ 空気中の水分及びハロゲン元素と接触すると自然発火することがある。 ○ 粉末は着火しやすく，いったん着火すれば激しく燃焼し，酸化アルミニウムを生じる。 ○ 高温でハロゲン・硫黄・窒素などと直接反応する。 ○ 酸化剤との混合は，加熱・打撃などに敏感である。 ＊ 火気を近づけない。 ＊ 容器は密栓する。
消火	○ 乾燥砂などを用い，窒息消火する。 ○ 金属火災用粉末消火剤を用いる。 ○ 注水は避ける（厳禁）。

〔用途〕焼結用金属

　一般に金属は危険物の対象から除かれるが，**金属を細分化し粉状にすると酸化表面積が増大し，熱伝導率が小さくなるため燃えやすくなる。**

テルミット法

粉末状のアルミニウムと酸化鉄の混合物(テルミット)に点火すると,激しい発熱反応が起こる。

$$2Al + Fe_2O_3 \rightarrow Al_2O_3 + 2Fe$$

これは**テルミット反応**といわれるもので,一瞬にして2,000℃を超す温度に達し,この反応において,アルミニウムは酸化鉄を還元して溶融した金属鉄を生じるので,鉄道のレール等の溶接に用いられる。

亜鉛粉　Zn

性状	比重　7.1　　融点　419.5℃　　沸点　907℃ ○ 灰青色の粉末(湿気により灰白色の被膜を形成)。 ○ 硫黄等を混合して加熱すると,**硫化亜鉛を生ずる**。
危険性・火災予防	○ 常温(20℃)でも徐々に空気中の水分と酸,アルカリと反応し,**水素を発生**する。 ○ 空気中の水分・ハロゲン元素と接触すると自然発火することがある。 ○ 微粉が浮遊していると粉じん爆発のおそれがある。 ○ 酸化剤との混合は,加熱・打撃などに敏感である。 ＊ 火気を近づけない。 ＊ 容器は密栓する。

※ 消火方法はアルミニウム粉に準ずる。

　危険性はアルミニウム粉より低い。

　〔用途〕焼結用金属

金属粉

練習問題

[1]　金属粉の火災に注水すると危険であるが，その理由として，次のうち適当なものはどれか。

(1)　水と反応して，水素を発生するから。

(2)　水に溶けて，強酸になるから。

(3)　水と反応して，有毒ガスを発生するから。

(4)　水と反応して，過酸化物ができるから。

(5)　水と反応して，水酸化物ができるから。

ヒント　金属粉の性状…水と接触すると水素が発生する。

[2]　次の下線部分 A～E のうち，誤っているものはどれか。

「一般に金属は燃焼しないが，これは，金属が熱の (A) 良導体であるため (B) 酸化熱が蓄積されにくいのと，(C) 酸化が表面に止まって内部に及ばないからである。しかし，これらを (D) 細分化し粉状とすれば燃えやすくなる。これは酸化表面積が増大し (E) 熱伝導率が大きくなるからである。」

(1)　A

(2)　B

(3)　C

(4)　D

(5)　E

ヒント　金属粉の性状…熱伝導率が小さくなると燃えやすくなる。

41

§3　第2類危険物 ―それぞれの物質―

[3]　アルミニウム粉の性状として，次のうち誤っているものはどれか。

(1)　軽く軟らかい金属の粉末で，銀白色の光沢がある。

(2)　酸，アルカリ及び熱水と反応して，酸素を発生する。

(3)　空気中の水分により，自然発火することもある。

(4)　酸化剤と混合したものは，加熱・打撃により発火する。

(5)　ハロゲンと接触すると，反応して高温になり，発火することがある。

ヒント）　アルミニウム粉の性状…酸・アルカリと反応して水素を発生する。

[4]　アルミニウム粉の性状について，次のうち誤っているものはどれか。

(1)　両性元素である。

(2)　塩酸に溶解して発熱し，水素を発生する。

(3)　比重は1より小さい。

(4)　熱水と反応して発熱し，水素を発生する。

(5)　酸化鉄粉と混合し，点火すると高熱を発して燃焼し，鉄を生成する。

ヒント）　アルミニウム粉の性状…比重は 2.7 である。

[5]　アルミニウム粉の性状について，次のうち誤っているものはどれか。

(1)　消火は乾燥砂で覆ってから，強化液で湿潤する。

(2)　貯蔵する容器は密栓する。

(3)　消火は金属火災用粉末消火剤が効果がある。

(4)　着火しやすく，いったん着火すれば激しく燃焼する。

(5)　燃焼すると酸化アルミニウムになる。

ヒント）　アルミニウム粉の消火…・金属火災用粉末消火剤を用いる。
　　　　　　　　　　　　　　　　・乾燥砂などを用いる。

金属粉

[6]　亜鉛粉の性状について，次のうち誤っているものはどれか。

(1)　水を含むと酸化熱を蓄積し，自然発火することがある。

(2)　酸化剤と混合したものは，加熱・打撃によって発火する。

(3)　空気中の水分・ハロゲン元素と接触すると，自然発火することがある。

(4)　粒度が小さいほど，燃えやすくなる。

(5)　アルミニウム粉より危険性が大きい。

ヒント　亜鉛粉の性状…危険性はアルミニウム粉より少ない。

[7]　亜鉛粉の性状について，次のうち誤っているものはいくつあるか。

A　硫黄と混合したものを加熱すると，硫化亜鉛が生じる。

B　アルカリと反応しない。

C　灰青色の粉末である。

D　水中では，酸素を発生する。

E　消火に際しては，乾燥砂などで窒息消火する。

(1)　なし　　(2)　1つ　　(3)　2つ　　(4)　3つ　　(5)　4つ

ヒント　亜鉛粉の性状…・酸，アルカリと反応する。
　　　　　　　　　　・水分と接触すると水素を発生する。

43

6. マグネシウム Mg

性状	比　重　1.7 融　点　649℃ 沸　点　1105℃ ○ 銀白色の金属結晶 ○ 乾いた空気中では表面が薄い酸化膜で覆われ，常温（20℃）では酸化は進行しない。 ○ 湿った空気中では速やかに光沢を失って，鈍い色になる。
危険性・火災予防	**粉末やフレーク状のものは次の危険性がある。** ○ 点火すると白光を放ち，激しく燃焼して酸化マグネシウムを生じる。 ○ **水とは徐々に，熱水及び希薄な酸とは速やかに反応して水素を発生**する。 ○ 空気中で吸湿すると発熱し，自然発火することがある。 ○ 酸化剤と混合すると，打撃等で発火する。 ○ 微粉が浮遊していると粉じん爆発のおそれがある。 ○ ハロゲンと反応する。 ＊ 容器は密栓する。
消火	○ 乾燥砂などを用い，窒息消火する。 ○ 金属火災用粉末消火剤を用いる。 ○ 注水は避ける（厳禁）。

〔用途〕写真用フラッシュ用粉末など

 粉末やフレーク状のものは危険性が大きい。

マグネシウム

練習問題

[1] マグネシウムの性状について，次の A〜E のうち誤っているもの
はどれか。あるとすればいくつあるか。

A 銀白色の軽い金属である。

B 白光を放ち激しく燃焼し，酸化マグネシウムとなる。

C 酸化剤との混合物は，打撃などで発火することがある。

D 弱酸に溶けて水素を発生する。

E 消火に際しては，乾燥砂などで窒息消火する。

(1) なし　(2) 1つ　(3) 2つ　(4) 3つ　(5) 4つ

ヒント　マグネシウムの性状…A〜E 全て正しい。

[2] マグネシウムの性状について，次の A〜E のうち誤っているもの
はいくつあるか。

A 乾いた空気中では，マグネシウムの酸化皮膜は，更に酸化を促進
させる。

B 粉末やフレーク状のものは危険性が大きい。

C 吸湿したマグネシウム粉は自然発火しない。

D ハロゲンと接触させないこと。

E 消火に際しては，注水により冷却消火する。

(1) 1つ　(2) 2つ　(3) 3つ　(4) 4つ　(5) 5つ

ヒント　マグネシウムの性状…・酸化皮膜は，常温では酸化が進行しない。
・常温では，酸化は進行しない。
・注水は避ける。

45

§3 第2類危険物 —それぞれの物質—

[3] マグネシウムの性状として，次のうち誤っているものはどれか。

(1) 水には反応しないが，薄い酸には溶けて塩素を発生する。

(2) 比重は1より大きい。

(3) 沸騰水中では，水素を発生する。

(4) 常温（20℃）では，酸化被膜を生成し安定である。

(5) 微粉が浮遊していると粉じん爆発のおそれがある。

ヒント　**マグネシウムの性状**…水とは徐々に反応し，熱水，及び希薄な酸とは速やかに反応して水素を発生する。

[4] マグネシウムの性状として，次のうち誤っているものはどれか。

(1) 粉末状のものは熱水とは速やかに作用し，水素を発生する。

(2) 点火すると白光を放ち，激しく燃焼する。

(3) 酸化剤と混合したものは衝撃等で発火する。

(4) 水酸化ナトリウム水溶液と反応して酸素を発生する。

(5) 粉末状のものは空気中で吸湿すると発熱し，自然発火することがある。

ヒント　**マグネシウムの性状**…水酸化ナトリウム水溶液(アルカリ)とは反応しない。

7. 引火性固体

1気圧において，引火点が40℃未満のものをいい，火気等によって引火の危険性がある。

固形アルコール　　（指定数量　　1000kg）

性状	○ 乳白色の寒天状 ○ アルコール臭がある。
危険性・火災予防	○ 40℃未満で可燃性蒸気を発生するため，引火しやすい。 ○ 炎，火花，加熱を避ける。 ＊ アルコールが蒸発するので，密封する。 ＊ 冷暗所に貯蔵する。 ＊ 保管場所の通風・換気をよくする。
消火	○ 泡，二酸化炭素，粉末，ハロゲン化物

 固形アルコール
メタノール又はエタノールを凝固剤で固めたもの。

ゴムのり

性状	**引火点　10℃以下** ◦ のり状の固体 ◦ 色は加える溶剤により異なる。 ◦ 水には溶けない。 ◦ 粘着性が強く，凝集力も強い。 ◦ 濃度は1～10%程度である。
危険性・火災予防	◦ 蒸気を吸入すると，頭痛，めまい，貧血を起こす。 ◦ 常温（20℃）以下で可燃性蒸気を発生する。 ◦ 直射日光を避ける。 ◦ 火花，裸火などの火気を近づけない。 ◦ 通風及び換気のよい場所で取り扱う。 ＊ 容器は密栓する。
消火	◦ 泡，二酸化炭素，粉末

〔用途〕接着剤

 ゴムのり
生ゴムを主にベンジン，ベンゼン等に溶かして作られる。

ラッカーパテ

性状	○ 比　重　1.40※ 　 発火点　480℃※ 　 引火点　10℃※ 　 燃焼範囲（爆発範囲）　1.27〜7.0 vol%※ ○ ペースト状の固体　　　　　　　　　※ 含有成分により異なる。
危険性・火災予防	○ 燃えやすい固体で，蒸気が滞留すると爆発することがある。 ○ 蒸気を吸入すると，有機溶剤中毒を起こす恐れがある。 ○ 直射日光を避ける。 ○ 火気，スパーク，高温体のそばでは使用しない。 ○ 通風及び換気のよい場所で取り扱い，蒸気を滞留させない。 ＊ 容器は密閉する。
消火	○ 泡，二酸化炭素，粉末

ラッカーパテ(ラッカー系下地修正塗料)
トルエン，ニトロセルロース，塗料用石灰等を配合したもの。

§3　第2類危険物 —それぞれの物質—

練習問題

[1]　引火性固体の性状として，次のうち誤っているものはどれか。

(1)　固形アルコールとは，メタノール又はエタノールを凝固剤で固めたものである。

(2)　ラッカーパテとは，トルエン，ニトロセルロース，塗料用石灰等を配合した下地用塗料である。

(3)　ゴムのりとは，生ゴムをベンゼン等に溶かした接着剤である。

(4)　常温（20℃）では引火しない。

(5)　引火性固体の燃焼では，発生した蒸気が燃焼する。

> ヒント　**引火性固体の性状**
> ・ゴムのり，ラッカーパテの引火点は10℃である。

[2]　引火性固体について，次のうち誤っているものはどれか。

(1)　火気又は加熱を避けて，貯蔵・取り扱うこと。

(2)　固形アルコールのほか，引火点が40℃以上の固体が該当する。

(3)　加熱を避け，可燃性蒸気の発生を防ぐ。

(4)　換気のよい場所に貯蔵する。

(5)　固形アルコールは，密封しないとアルコールが蒸発する。

> ヒント　**引火性固体**…引火点が**40℃未満**のものをいう。

50

引火性固体

[3]　固形アルコールについて，次のうち誤っているものはどれか。

(1)　乳白色の寒天状である。

(2)　冷暗所で容器に密閉して貯蔵する。

(3)　消火には泡消火剤が有効である。

(4)　アルコールと同様の臭気がする。

(5)　常温（20℃）では，可燃性蒸気を発生しない。

> ヒント　**固形アルコールの性状**…アルコールの引火点は，11℃なので常温で可燃
> 性蒸気を発生する。

[4]　ゴムのりについて，次のうち誤っているものはどれか。

(1)　水に溶けやすい。

(2)　引火点は 10℃以下である。

(3)　粘着力，凝集力が強い。

(4)　可燃性蒸気を発生し，それを吸入すると，頭痛，めまい，貧
血などを起こすことがある。

(5)　接着剤の一種で，生ゴムを主に石油系溶剤に溶かしてつくら
れる。

> ヒント　**ゴムのりの性状**…水に溶けない。

51

§3 第2類危険物 ―それぞれの物質―

総 合 問 題

[1] **第2類の危険物について，次のうち誤っているものはどれか。**

(1) 三硫化四リンは，黄色の結晶である。

(2) 赤リンは，赤褐色の粉末である。

(3) 硫黄は，黒色の粉末である。

(4) 鉄粉は，灰白色の金属結晶である。

(5) アルミニウム粉は，銀白色の粉末である。

ヒント **第2類危険物の性状**
・硫黄は黄色の固体

[2] **第2類危険物には，危険物以外の物質と反応して，気体を発生するものがある。次の組合せのうち，誤っているものはどれか。**

	危 険 物	危険物以外の物質	発生する気体
(1)	亜鉛粉	水	水 素
(2)	三硫化四リン	熱 水	硫化水素
(3)	アルミニウム粉	水酸化ナトリウム水溶液	水 素
(4)	鉄 粉	希 硫 酸	硫化水素
(5)	マグネシウム	希 塩 酸	水 素

ヒント **第2類危険物の性状**
・金属粉・鉄粉・マグネシウム粉は，酸に溶ける場合に水素を発生する。

52

総合問題

[3]　A～Eに示す危険物のうち，二硫化炭素に溶けるものはいくつあるか。

A　赤リン

B　硫黄

C　五硫化二リン

D　アルミニウム粉

E　三硫化リン

(1)　1つ　(2)　2つ　(3)　3つ　(4)　4つ　(5)　5つ

ヒント　第2類危険物の性状
・赤リンは水にも二硫化炭素にも溶けない。
・アルミニウム粉は酸やアルカリに溶けるが，二硫化炭素に溶けない。

[4]　第2類の危険物について，A～Dの記述のうち正しいものはどれか。

A　この類の危険物は，酸化剤と接触すると打撃などにより爆発する危険性があるので，接触を避ける。

B　金属粉は，いずれも融点・沸点が高いので，自然発火しない。

C　赤リンは，黄リンに比べ不活性であるが，微粉状態では粉じん爆発をおこす。

D　硫化リンは，空気中の湿気により分解するので，石油類中に貯蔵する。

(1)　Aのみ　(2)　Cのみ　(3)　AとC　(4)　BとC　(5)　BとD

ヒント　第2類危険物に共通する性質
・金属粉は空気中の水分及びハロゲン元素と接触すると自然発火することがある。
・硫化リンは容器に収納して密栓し，通風及び換気のよい冷所に貯蔵する。

53

§3 第2類危険物 ―それぞれの物質―

[5] **第2類の危険物について，次のうち誤っているものはどれか。**

(1) 七硫化四リンは，水と作用して硫化水素を発生する。

(2) 赤リンは，二酸化炭素と作用して五硫化二リンを発生する。

(3) 鉄粉は，酸に溶けて水素を発生する。

(4) 亜鉛粉は，水酸化ナトリウムに溶けて水素を発生する。

(5) アルミニウム粉は，塩酸に溶けて水素を発生する。

> ヒント　**赤リンの性状**…二酸化炭素とは作用しない。

[6] **次のA～Eに示す危険物のうち，水又は熱水と作用し，可燃性ガスを発生するものはいくつあるか。**

A 硫黄

B 赤リン

C 五硫化二リン

D アルミニウム粉

E 引火性固体

(1) なし　(2) 1つ　(3) 2つ　(4) 3つ　(5) 4つ

> ヒント　**第2類危険物が水と作用して発生する可燃性ガス**
> ・五硫化二リン…硫化水素
> ・アルミニウム粉…水素

54

総合問題

[7]　第2類の危険物について，次のうち誤っているものはどれか。

(1)　五硫化二リンは，水と作用して有毒で可燃性の硫化水素を発生する。

(2)　鉄粉は，アルカリに溶けて水素を発生する。

(3)　赤リンは，比重は1より大きく水に溶けない。

(4)　アルミニウム粉は，ハロゲン元素と接触すると自然発火することがある。

(5)　固形アルコールは，メタノール又はエタノールを凝固剤で固めたもので，密閉しないとアルコールが蒸発する。

> ヒント　鉄粉の性状…鉄粉は酸に溶けて水素を発生する。

[8]　第2類の危険物について，次のA～Dのうち，正しいものはあるか。あるとすればいくつあるか。

A　金属粉は，いずれも融点と沸点が高いため，自然発火する危険性はない。

B　第2類の危険物は，酸化剤と接触すると発火する危険性があるので，接触させないようにする。

C　硫化リンは，空気中の湿気により分解するので，石油中に貯蔵する。

D　赤リンは，比較的不活性であるため，微粉状態であっても粉じん爆発を起こすことはない。

(1)　なし　(2)　1つ　(3)　2つ　(4)　3つ　(5)　4つ

> ヒント　第2類危険物の危険性
> ・金属粉は，空気中の水分及びハロゲン元素と接触すると自然発火する。
> ・硫化リンは，通風及び換気のよい冷暗所に貯蔵する。容器に収納して密栓する。
> ・赤リンは，微粉状態で粉じん爆発を起こすことがある。

55

§3 第2類危険物 ―それぞれの物質―

[9]　第2類の危険物に共通する火災・消火の予防方法として，次のうち誤っているものはどれか。

(1)　酸化剤との接触又は混合を避ける。

(2)　炎，火花又は高温体との接近又は加熱を避ける。

(3)　赤リン及び硫黄は，ハロゲン化物による窒息消火。

(4)　引火性固体は，みだりに蒸気を発生させない。

(5)　鉄粉，金属粉及びマグネシウム並びにこれらのいずれかを含有する物質は，水又は酸との接触を避ける。

ヒント　**第2類危険物の性状**
・赤リン・硫黄は，水・強化液・泡などの水系の消火剤で冷却するか，又は乾燥砂などで窒息消火する。

[10]　危険物の火災と消火方法との組合せとして，A～Dのうち，適当なものはどれか。

A　赤リンの火災……………　注水して冷却消火する。

B　硫黄の火災………………　霧状の強化液を放射する。

C　三硫化四リンの火災…… 棒状の水を放射する。

D　亜鉛粉の火災……………　ハロゲン化物を放射する。

(1)　AとB　(2)　BとC　(3)　CとD　(4)　AとC　(5)　BとD

ヒント　**第2類危険物の消火方法**
・三硫化四リンは水と作用して硫化水素を発生する。
・亜鉛粉はハロゲンと接触すると自然発火する。

56

総合問題

[**11**]　危険物と消火方法の組合せとして，次のうち誤っているものは
どれか。

(1)　硫　黄…………燃焼の際，流動することがあるので，土砂等と
水で消火する。

(2)　亜鉛粉…………乾燥砂を用いて消火する。

(3)　五硫化二リン……乾燥砂又は不燃性ガスにより消火する。

(4)　鉄　粉…………注水して消火する。

(5)　赤リン…………霧状注水して消火する。

> ヒント　**鉄粉の消火方法**…乾燥砂等で窒息消火する。

[**12**]　第2類の危険物の消火方法として，次のうち正しいものはどれか。

(1)　鉄粉の火災では，乾燥砂による消火は不適切である。

(2)　マグネシウムの火災では，注水消火が効果的である。

(3)　赤リンの火災では，二酸化炭素消火剤の放射が最も効果的であ
る。

(4)　五硫化二リンの火災では，強化液消火剤の放射が最も効果的であ
る。

(5)　亜鉛粉の火災では，乾燥砂での消火が最も効果的である。

> ヒント　**第2類危険物の消火方法**
> ・鉄粉
> 　乾燥砂等で窒息消火する。
> ・マグネシウム
> 　注水は厳禁。窒息消火や金属火災用粉末消火が有効。
> ・赤リン
> 　注水して冷却消火がよい。
> ・五硫化二リン
> 　乾燥砂又は不燃性ガスによる窒息消火がよい。

§3 第2類危険物 —それぞれの物質—

[13]　第2類の危険物について，次のうち通常の可燃物とほぼ同様の消火方法が可能なものはどれか。

(1)　硫黄

(2)　五硫化二リン

(3)　赤リン

(4)　固形アルコール

(5)　鉄粉

> ヒント　固形アルコールの消火方法
> ・泡，二酸化炭素，粉末。

[14]　金属粉の火災に注水すると危険であるが，その理由として次のうち適当なものはどれか。

(1)　水と反応して，有毒ガスを発生するから。

(2)　水と反応して，強酸になるから。

(3)　水と反応して，水素を発生するから。

(4)　水と反応して，過酸化物ができるから。

(5)　水と反応して，水酸化物ができるから。

> ヒント　金属粉の性状
> ・水とは徐々に反応し，また酸，アルカリに溶け，水素を発生する。

§4

模擬試験

§4 第2類危険物 ―模擬試験―

模擬試験　1

[1]　各類の危険物の性状として，正しいものはどれか。

　(1)　第1類と第6類の危険物は可燃性である。

　(2)　第1類と第2類の危険物の中には，水と反応するものがある。

　(3)　第3類と第5類の危険物は，いずれも液体である。

　(4)　第2類と第5類の危険物は，いずれも固体である。

　(5)　第3類と第6類の危険物は，いずれも比重が1より大きい。

[2]　第2類の危険物に共通する火災予防の方法として，次のうち誤っているものはどれか。

　(1)　還元剤との接触を避ける。

　(2)　炎，火花若しくは高温体との接近又は加熱を避ける。

　(3)　冷暗所に貯蔵する。

　(4)　一般に，防湿に注意し，容器は密封する。

　(5)　鉄粉，金属粉及びマグネシウム並びにこれらのいずれかを含有するものにあっては，水又は酸との接触を避ける。

[3] 次の A～E の危険物の火災に対する消火方法として，正しいもの
はいくつあるか。

A 鉄粉の火災には，乾燥砂の使用は効果がない。

B 亜鉛粉の火災には，乾燥砂の使用が有効である。

C マグネシウムの火災には，ハロゲン化物の使用が有効である。

D 五硫化二リンの火災には，ハロゲン化物の使用が最も有効である。

E 赤リンの火災には，二酸化炭素消火剤の使用が最も有効である。

(1) なし (2) 1つ (3) 2つ (4) 3つ (5) 4つ

[4] 第2類の危険物について，次のうち誤っているものはどれか。

(1) 引火性を有するものがある。

(2) 一般に燃えやすい物質である。

(3) 燃焼の際，有毒ガスを発生するものがある。

(4) 酸化剤を混合すると，衝撃等により発火するものがある。

(5) 水に溶けやすい物質である。

[5] 第2類の危険物の特性として，誤っているものはどれか。

A 低温で発火し，燃焼速度が速い。

B 水と接触して，発熱・発火するものはない。

C 引火性の固体は，可燃性蒸気を発生する。

D 衝撃・摩擦に対してはいずれも安定である。

(1) AとB (2) AとC (3) BとC (4) BとD (5) CとD

§4　第2類危険物 ―模擬試験―

[6]　赤リンについて，誤っているものはどれか。

(1)　赤褐色の粉末で，水にも二硫化炭素にも溶ける。

(2)　赤リンと黄リンは同素体である。

(3)　粉じん爆発することがある。

(4)　燃焼すると有毒なリン酸化物を発生する。

(5)　純粋なものは，臭気も毒性もない。

[7]　アルミニウム粉末の性状として，誤っているものはどれか。

(1)　酸に溶けるがアルカリには溶けない。

(2)　ハロゲン元素と接触すると自然発火する。

(3)　空気中の水分で自然発火することがある。

(4)　燃焼すると酸化アルミニウムを生じる。

(5)　銀白色の粉末である。

[8]　硫黄の性状として，次のうち誤っているものはどれか。

(1)　電気の不導体で摩擦等によって静電気を生じやすい。

(2)　融点は，115℃である。

(3)　熱水と反応して，水素を発生する。

(4)　一般的に黄色の塊又は粉末で，比重は 1.8 である。

(5)　燃焼すると，有毒な二酸化硫黄を発生する。

62

模擬試験　1

[9]　鉄粉の性状として，誤っているものの組合せはどれか。

A　比重は 1 より大きい。

B　酸，アルカリに溶けて水素を発生する。

C　油のしみた鉄粉は，自然発火することがある。

D　酸化剤である。

(1)　A と B

(2)　A と C

(3)　B と C

(4)　B と D

(5)　C と D

[10]　次の A〜D に示す危険物のうち，水又は熱水と作用して，可燃
　　性ガスを発生するものはあるか。あるとすればいくつあるか。

A　赤リン

B　硫黄

C　五硫化二リン

D　アルミニウム粉末

(1)　なし

(2)　1 つ

(3)　2 つ

(4)　3 つ

(5)　4 つ

63

§4 第2類危険物 ―模擬試験―

模擬試験　2

[1]　危険物の類ごとの性状として，次の A～E のうち誤っているもの
はいくつあるか。

A　第3類の危険物は自然発火性物質及び禁水性物質の危険性を有す
る物質である。

B　第6類の危険物は，酸化力が強く，自らは不燃性であるが，混在
する他の可燃物の燃焼を促進する性質をもつ。

C　第2類の危険物は，着火しやすい可燃性の固体である。

D　第4類の危険物は，流動性があり火災が発生した場合には拡大す
る危険性がある。

E　第5類の危険物は，いずれも酸素を自ら含む自己燃焼性の物質で
燃焼速度が極めて早く，爆発的に反応が進行する。

(1)　　1つ　　(2)　　2つ　　(3)　　3つ　　(4)　　4つ　　(5)　　5つ

[2]　第2類の危険物を貯蔵し，又は取り扱う場合，その一般的性状か
ら考えて，火災予防・消火で誤っているものはどれか。

(1)　　酸化剤との接触又は混合を避ける。

(2)　　炎，火花又は高温体との接近又は加熱を避ける。

(3)　　水と接触して発火，又は有毒ガスや可燃性ガスを発生させる
物品は，ハロゲン化物で窒息消火をする。

(4)　　引火性固体は，みだりに蒸気を発生させない。

(5)　　鉄粉，マグネシウムは，水又は酸との接触を避ける。

64

模擬試験　2

[3]　第2類の危険物の火災と消火方法の組合せとして A〜D のうち，適当なものの組合せはどれか。

A　亜鉛粉の火災 ……………………… ハロン1301 消火器を使用

B　三硫化四リンの火災…………… 乾燥砂でおおう。

C　硫黄の火災 ………………………… 水を霧状にして放射する。

D　アルミニウム粉の火災………… 二酸化炭素消火器を使用。

(1)　AとB　(2)　BとC　(3)　CとD　(4)　AとC　(5)　BとD

[4]　第2類の危険物について，次の A〜D のうち誤っているものはあるか。あるとすればいくつあるか。

A　一般には，水に溶けない。

B　一般には，比重は1より大きい。

C　すべて固体である。

D　すべて有毒である。

(1)　なし　(2)　1つ　(3)　2つ　(4)　3つ　(5)　4つ

[5]　硫黄の性状として，次のうち誤っているものはどれか。

(1)　淡青色の炎をあげて，燃焼する。

(2)　黄色の固体で，水にも二硫化炭素にも溶けない。

(3)　燃焼すると，刺激性の有毒ガスを発生する。

(4)　電気の不良導体で，静電気を発生しやすい。

(5)　酸化剤との混合物は，加熱・衝撃で発火する。

65

§4 第2類危険物 ―模擬試験―

[6] 危険物とその火災に適応する消火剤との組合せとして，次の A〜E
のうち適当なものはいくつあるか。

A　アルミニウム粉……………………ハロゲン化物

B　五硫化二リン…………………………乾燥砂

C　赤リン………………………………水

D　硫黄…………………………………消火粉末(リン酸塩類)

E　マグネシウム……………………二酸化炭素

(1)　1つ　　(2)　2つ　　(3)　3つ　　(4)　4つ　　(5)　5つ

[7]　五硫化二リンは，水と作用して可燃性で有毒なガスが発生して危
険である。次のうち，発生するガスの名称で正しいものはどれか。

(1)　二酸化炭素

(2)　二酸化炭素

(3)　二酸化硫黄

(4)　硫化水素

(5)　過酸化水素

[8]　マグネシウム粉の性状について，次のうち誤っているものはどれか。

(1)　冷水で徐々に，熱水では激しく反応する。

(2)　アルカリ水溶液には溶けない。

(3)　常温で乾いた空気中では酸化が速やかに進行する。

(4)　空気中で吸湿すると自然発火することがある。

(5)　酸化剤との混合物は，打撃等により発火する。

模擬試験 2

[9]　赤リンについて，次の下線部分 A～E のうち，誤っているものは
いくつあるか。

　　「赤リンは(A)酸化剤，特に(B)塩素酸塩カリウムとの混合したも
のは，摩擦熱で発火するので(C)マッチの側薬の原料として使用さ
れる。

　　また，燃焼すると有毒な(D)十酸化四リンを発生するので，火気
等は近づけないようにする。

　　消火をするときは，(E)二酸化炭素消火剤を使用する。」

(1)　1つ

(2)　2つ

(3)　3つ

(4)　4つ

(5)　5つ

[10]　次の危険物のうち，水との接触を避けなければならないものは
いくつあるか。

五硫化二リン

アルミニウム粉

亜鉛粉

硫黄

赤リン

マグネシウム

(1)　1つ

(2)　2つ

(3)　3つ

(4)　4つ

(5)　5つ

67

§4 第2類危険物 ―模擬試験―

模擬試験 3

[1] **危険物の類ごとの一般的性状として，誤っているものはどれか。**

(1) 第1類の危険物は，酸素を含有しているので，加熱すると単独でも爆発的に燃焼する。

(2) 第3類の危険物のほとんどのものは，空気中において発火し，又，水と接触すると発火又は可燃性ガスを発生する。

(3) 第4類の危険物は，蒸気比重が1より大きく，引火の危険性がある。

(4) 第5類の危険物は，比重が1より大きく，燃焼速度が速い。

(5) 第6類の危険物は，不燃性の無機化合物で，常温（20℃）では液体である。

[2] **危険物の火災に対する消火方法について，誤っているものはいくつあるか。**

A 水と接触して発火し，又は有毒ガスを発生するものは窒息消火する。

B 赤リンは注水により冷却消火する。

C 鉄粉の火災には乾燥砂の使用は効果がない。

D 五硫化二リンの火災には，注水による消火が効果的である。

E 硫黄の火災には，流動することがあるから土砂を用いて消火する。

(1) なし

(2) 1つ

(3) 2つ

(4) 3つ

(5) 4つ

[3]　次に掲げる危険物のうち，燃焼の際に人体に有害な気体を発生するものはどれか。

(1)　鉄粉

(2)　硫黄

(3)　アルミニウム粉

(4)　亜鉛粉

(5)　マグネシウム

[4]　第 2 類の危険物について，次の A～D のうち誤っているものはあるか。あるとすればいくつあるか。

A　すべて固体である。

B　すべて比重は 1 より大きい。

C　金属粉は酸に溶けると，水素を発生する。

D　すべて酸化されやすく，燃えやすい物質である。

(1)　なし　　(2)　1つ　　(3)　2つ　　(4)　3つ　　(5)　4つ

[5]　三硫化四リン，五硫化二リン，七硫化四リンの性状として，次のうち正しいものはどれか。

(1)　比重は三硫化四リンが最も大きく，七硫化四リンが最も小さい。

(2)　融点は三硫化四リンが最も高く，七硫化四リンが最も低い。

(3)　摩擦，衝撃に対しては，いずれも安定である。

(4)　いずれも硫黄より融点が高い。

(5)　いずれも灰白色の粉末である。

§4 第2類危険物 —模擬試験—

[6] マグネシウムの性状について，次の A～D のうち誤っているもの
はあるか。あるとすればどの組合せか。

A　銀白色の軽い金属である。

B　希酸に溶けて酸素を発生する。

C　常温（20℃）では，表面は薄い酸化膜に覆われるので，酸化は進行しない。

D　空気中で自然発火することはない。

(1) A のみ　(2) B のみ　(3) A と C　(4) B と D　(5) C と D

[7] 亜鉛粉の性状について，次のうち誤っているものはどれか。

(1)　灰青色の粉末である。

(2)　濃硝酸と混合したものは，加熱・摩擦等によって発火する。

(3)　粒度が小さいほど燃えやすい。

(4)　アルカリとは反応しない。

(5)　水分を含む空気と接触すると，自然発火することがある。

[8] 第2類危険物の中には危険物以外の物質と反応して気体を発生す
る。次の組合せのうち，誤っているものはいくつあるか。

	危　険　物	危険物以外の物質	発生気体
A	三硫化四リン	熱　湯	硫化水素
B	マグネシウム粉	希塩酸	水　素
C	五硫化二リン	水	リン化水素
D	鉄　粉	希塩酸	塩　素
E	アルミニウム粉	水酸化ナトリウム水溶液	酸　素

(1)　なし　(2)　1つ　(3)　2つ　(4)　3つ　(5)　4つ

70

[9] アルミニウム粉の性状について，次の A～D のうち，誤っている
ものの組合せはどれか。

A 酸に溶けて水素を発生する。

B 水と接触すると酸素を発生する。

C 亜鉛粉より危険性は小さい。

D 酸化剤との混合は，加熱，打撃などに敏感である。

(1) A と B
(2) B と C
(3) C と D
(4) A と C
(5) B と D

[10] 次の A～E の物質のうち，消火の際，霧状の水を使用してもよ
いものはどれか。

A 引火性固体

B マグネシウム

C 硫黄

D アルミニウム粉

E 赤リン

(1) A と B と D
(2) A と B と C
(3) B と D と E
(4) A と C と E
(5) C と D と E

科目免除で受験

乙種第 2 類危険物取扱者試験

2007 年 2 月 1 日　　第 1 版第 1 刷　発行
2019 年 7 月 15 日　　第 5 版第 1 刷　発行

Ⓒ著　者　資格試験研究会　編
　発行者　伊藤　由彦
　印刷所　㈱太洋社

　発行所　株式会社　梅田出版
　　　　　〒530-0003　大阪市北区堂島 2-1-27
　　　　　　　　　　　TEL　06（4796）8611
　　　　　　　　　　　FAX　06（4796）8612

危険物取扱者試験

受験シリーズ

科目免除で合格！

速習 乙種第 1 類危険物取扱者試験 ［本体　800 円］

速習 乙種第 2 類危険物取扱者試験 ［本体　800 円］

速習 乙種第 3 類危険物取扱者試験 ［本体　800 円］

速習 乙種第 4 類危険物取扱者試験 ［本体 1,000 円］

速習 乙種第 5 類危険物取扱者試験 ［本体　800 円］

速習 乙種第 6 類危険物取扱者試験 ［本体　800 円］

乙種第 4 類 危険物取扱者試験

合格テキスト ［本体　900 円］

完全マスター ［本体　800 円］

丙種危険物取扱者試験

合格テキスト ［本体　800 円］

株式会社　梅田出版

TEL　06-4796-8611　　*FAX*　06-4796-8612

E－mail　umeda@syd.odn.ne.jp

【第 2 類危険物のまとめ】

- 可燃性固体で引火性のあるものがある。
- 粉末状のものは空気中で粉じん爆発を起こしやすい。

- 水と反応して可燃
- 火気を近づけない。

品　名	性　質					
	色・形状	比　重	融点(℃)	発火点(℃)	その他	
1　硫化リン						
三硫化四リン	黄色・結晶	2.03	172.5	100	水に溶けず，二硫化炭素・ベンゼンに溶ける。	
五硫化二リン	淡黄色・結晶	2.09	290.2		二硫化炭素に溶ける。	
七硫化四リン	淡黄色・結晶	2.19	310		二硫化炭素にわずかに溶ける。	
2　赤リン						
赤リン	赤褐色・粉末	2.1〜2.3	600 (43気圧下)	260	水にも二硫化炭素にも溶けない。	十を
3　硫黄						
硫黄	黄色・固体	1.8	115	約360	水に溶けず，二硫化炭素に溶ける。	二発
4　鉄粉						
鉄粉	灰白色・金属結晶	7.9	1535		アルカリに溶けない。	
5　金属粉						
アルミニウム粉	銀白色・粉末	2.7	660		酸化鉄との反応は，テルミット反応	
亜鉛粉	灰青色・粉末	7.1	419.5			合るを
6　マグネシウム						
マグネシウム	銀白色・金属結晶	1.7	649		水に溶けない。	
7　引火性固体						
固形アルコール	乳白色・寒天状				アルコールと同様の臭気がする。	

乙種第2類危険物取扱者試験

解 答

§1 危険物に共通する事項 (p.4)

[1] 4　[2] 3　[3] 2　[4] 2　[5] 2（A が誤り）　[6] 2　[7] 1　[8] 2　[9] 5
[10] 2　[11] 3　[12] 4（A，B，E が正しい）　[13] 4　[14] 4

§2 第2類危険物 ― 共通する事項 ― (p.16)

[1] 3（A,C,D が誤り）　[2] 2　[3] 5　[4] 4　[5] 3　[6] 1　[7] 5　[8] 2
[9] 2　[10] 4　[11] 4

§3 第2類危険物 ― それぞれの物質 ―

1. 硫化リン (p.24)

[1] 1　[2] 3　[3] 3　[4] 2　[5] 1　[6] 2　[7] 1　[8] 2（C と E が誤り）

2. 赤リン (p.29)

[1] 2　[2] 4　[3] 1　[4] 1　[5] 2

3. 硫黄 (p.32)

[1] 4　[2] 5　[3] 2　[4] 2（B,C が誤り）　[5] 4　[6] 2

4. 鉄粉 (p.36)

[1] 4　[2] 3（B,C,E が正しい）　[3] 4　[4] 4（B,C,E が正しい）　[5] 3　[6] 4

5. 金属粉 (p.41)

[1] 1　[2] 5　[3] 2　[4] 3　[5] 1　[6] 5　[7] 3（B,D が誤り）

6. マグネシウム (p.45)

[1] 1　[2] 3（A,C,E が誤り）　[3] 1　[4] 4

7. 引火性固体 (p.50)

[1] 4　[2] 2　[3] 5　[4] 1

総合問題 (p.52)

[1] 3　[2] 4　[3] 3（B,C,E が溶ける）　[4] 3　[5] 2　[6] 3（C,D が発生する）
[7] 2　[8] 2（B が正しい）　[9] 3　[10] 1　[11] 4　[12] 5　[13] 4　[14] 3